AF343683

Le Laboratoire
de Spéléobiologie expérimentale
d'Henri Gadeau de Kerville
à Saint-Paër (Seine-Inférieure)

(AVEC UN PLAN , QUATRE PLANCHES EN PHOTOCOLLOGRAPHIE
ET CINQ FIGURES DANS LE TEXTE)

Par Henri GADEAU DE KERVILLE

EXTRAIT
du *Bulletin de la Société des Amis des Sciences naturelles de Rouen*
(année 1910)

ROUEN
IMPRIMERIE LECERF FILS
1911

BIBLIOTHÈQUE NATIONALE
R.F.
IMPRIMÉS

LE LABORATOIRE

DE SPÉLÉOBIOLOGIE EXPÉRIMENTALE

D'HENRI GADEAU DE KERVILLE

Pièce

8° S

11978

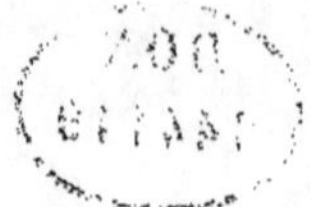
DON
BELFAST

Le Laboratoire

de Spéléobiologie expérimentale

d'Henri Gadeau de Kerville

à Saint-Paër (Seine-Inférieure)

(AVEC UN PLAN, QUATRE PLANCHES EN PHOTOCOLLOGRAPHIE
ET CINQ FIGURES DANS LE TEXTE)

Par Henri GADEAU DE KERVILLE

EXTRAIT
du *Bulletin de la Société des Amis des Sciences naturelles de Rouen*
(année 1910)

ROUEN

IMPRIMERIE LECERF FILS

1911

BIBLIOTHÈQUE NATIONALE — R. F. — IMPRIMÉS

DON 144119

de Spéléobiologie expérimentale
à Saint-Paër (Seine-Inférieure)

Le Laboratoire de Spéléobiologie expérimentale
d'Henri Gadeau de Kerville
a Saint - Paër (Seine - Inférieure)

(AVEC UN PLAN, QUATRE PLANCHES EN PHOTOCOLLOGRAPHIE
ET CINQ FIGURES DANS LE TEXTE)

Par Henri GADEAU DE KERVILLE

—— >o<———

Pendant l'année 1909, en faisant pratiquer dans deux carrières souterraines abandonnées, à Orival (Seine-Inférieure), des fouilles préhistoriques qui ne me donnèrent qu'un résultat négatif[1], et en visitant avec le plus vif intérêt, dans le département de la Dordogne, une partie des célèbres stations préhistoriques de la vallée de la Vézère, j'ai pensé à la carrière abandonnée de ma propriété située dans les communes de Saint-Paër et de Villers-Écalles (Seine-Inférieure), entre Barentin et Duclair.

En effet, dans cette propriété, qui est en pleine campagne, se trouve une côte calcaire nommée « côte des Halletots »[2],

1. Henri Gadeau de Kerville. — *Résultat négatif des fouilles préhistoriques effectuées dans deux grottes, à Orival (Seine-Inférieure)*, avec deux planches en photocollographie, dans le Bull. de la Soc. normande d'Études préhistoriques, ann. 1909, p. 25 et pl. I et II ; dans le Bull. de la Soc. des Amis des Scienc. natur. de Rouen, 1er sem. de 1909, p. 47 et pl. I et II ; et dans le Bull. de la Soc. d'Étude des Scienc. natur. et du Musée d'Hist. natur. d'Elbeuf, ann. 1909, p. 132 et pl. III et IV.

2. Sur la côte des Halletots j'ai trouvé des Lépidoptères (*Zygaena carniolica* Scop. forme *hedysari* Hb. et *Ino Geryon* Hb.) et une plante (*Monotropa hypophagos* Dumort.) assez rares en Normandie. Le 10 juillet 1910, jour de l'inauguration de ce labora-

située à Saint-Paër, non loin de la gare du Paulu (ligne de Barentin-embranchement à Caudebec-en-Caux), et, dans cette côte, existe une carrière souterraine abandonnée où je fis, en 1882 et 1883, des récoltes de Chiroptères pour la rédaction de ma laborieuse « Faune de la Normandie ».

J'étais presque certain que des fouilles effectuées dans cette carrière ne me donneraient aucun objet préhistorique; je voulus néanmoins y faire pratiquer une fouille très sommaire pour ne plus avoir de doute à cet égard. C'est pourquoi je dis au garde de ma propriété de venir, au jour convenu, avec deux ouvriers, en lui recommandant de voir, au préalable, s'il n'y aurait pas, dans les environs, un abri sous roche ou une autre cavité méritant d'être fouillée.

Lorsque plusieurs coups de pioche furent donnés dans le sol de la carrière souterraine abandonnée de la côte des Halletots, je fus persuadé qu'y pratiquer des fouilles serait du temps et de l'argent perdus, le sol de cette carrière souterraine calcaire étant constitué par la partie inutilisée et le résidu de la partie utilisée de l'exploitation, comme le sol des deux grottes d'Orival, que j'ai fait fouiller. De plus, mon garde me dit ne connaître, dans les environs, aucune autre cavité de quelque grandeur. Il me parla seulement de ce qu'il pensait n'être qu'un simple terrier de renard, auquel il n'attachait pas la moindre importance.

Je voulus, cependant, aller voir ce prétendu terrier, situé dans une autre partie de la côte des Halletots. Immédiatement je reconnus que ce n'était pas un terrier de renard ou de blaireau. Mon préparateur d'histoire naturelle, M. Lucien Horst, qui est mince, parvint, non sans peine, à se glisser dans l'ouverture, et reconnut, à l'aide de la lumière d'une lampe à acétylène, que la cavité descendait en pente rapide.

toire par la Société des Amis des Sciences naturelles de Rouen, plusieurs de mes invités y récoltèrent une Orchidée, l'*Herminium monorchis* R. Br., dont seulement un petit nombre de stations normandes sont connues.

Des ouvriers agrandirent l'ouverture, et, au commencement de novembre 1909, j'apprenais, par une lettre de mon garde, que l'un d'eux, descendant en rampant, avait constaté l'existence d'une carrière.

Le 3 novembre, j'y étais. La descente, et surtout la remontée, ne furent pas faciles. Il fallait descendre et remonter à l'aide d'une corde, l'abdomen appuyé contre une pente rapide pourvue de pierres, et le dos frottant contre la roche. En un point, je fus immobilisé pendant un instant ; mais ce sont là de petits incidents auxquels sont habitués les spéléologues et qui les font sourire.

L'exploration de la carrière fut assez longue et me montra qu'il s'agissait d'une vaste carrière d'où l'on avait extrait jadis de grandes quantités de pierre de taille. L'entrée principale, large et haute, était complètement obstruée par des fragments de la roche détachés du plafond, des pierres, et, surtout, de la terre. L'autre entrée, de dimensions moindres, était obstruée aussi, sauf une ouverture analogue à l'entrée d'un terrier de renard ou de blaireau. Cette ouverture, grâce à laquelle j'ai découvert la carrière en question, était à peu près où est le commencement du mot « expérimentale » de l'inscription (voir la pl. I).

De même que dans l'autre carrière abandonnée de la côte des Halletots, je vis que le sol était formé de la partie inutilisée et du résidu de la partie utilisée de l'exploitation, et que, par suite, il n'y avait pas lieu d'y pratiquer des fouilles préhistoriques ; mais l'idée me vint d'y créer un vaste laboratoire de biologie souterraine.

Naturellement, la question fut étudiée sous tous ses aspects. On s'assura de la solidité de la roche et, sans retard, les travaux commencèrent.

D'abord, il fallut se livrer au long et pénible travail du déblaiement de la carrière ; puis on boucha, au moyen de petits murs en moellons, l'entrée des galeries inutiles pour le laboratoire ; on bâtit un grand mur de soutènement, très solide, où était l'entrée principale de la carrière, on construisit l'entrée et l'escalier du laboratoire, on effectua d'autres travaux encore et, finalement, on garnit le laboratoire de son mobilier. Les travaux durèrent environ sept mois, sans compter le temps employé à mettre une épaisse couche de pierres et de terre contre l'extérieur du grand mur de soutènement et à cimenter une partie du sol au-dessus de la salle de Botanique. Au cours des travaux, plusieurs milliers de mètres cubes, composés de terre, de la partie inutilisée et du résidu de la partie utilisée de l'exploitation de la carrière furent manipulés.

Pour la création de ce laboratoire d'un genre tout spécial, j'ai trouvé en M. Fernand Gagniard, architecte-géomètre à Rouen, une personne très capable qui a fort bien compris ce que je voulais faire et a veillé soigneusement à la bonne exécution des travaux. J'ai eu de même à me louer de M. Fernand Sauvage, entrepreneur de maçonnerie à Rouen. Il m'est agréable de leur exprimer ici mes félicitations chaleureuses et méritées.

Mon laboratoire de spéléobiologie expérimentale, à Saint-Paër (Seine-Inférieure), étant, je le crois, le plus vaste des laboratoires de biologie souterraine existant actuellement dans le monde entier [1], j'ai pensé qu'il n'était pas inutile de donner l'historique de sa création dans une carrière dont nul dans le pays, depuis un demi-siècle, ne connaissait l'existence. Je dois ajouter que la carrière en question est indiquée sur un plan cadastral daté de 1826.

Voici, maintenant, la description de ce laboratoire, qui est situé au nord-ouest et à une distance rectiligne d'environ

---

1. C'est à l'illustre Alphonse Milne-Edwards, alors directeur du Muséum national d'Histoire naturelle de Paris, et au savant zoologiste et préhistorien M. Armand Viré, que revient l'honneur d'avoir créé le premier des laboratoires de biologie souterraine du monde entier. Ce Laboratoire des Catacombes du Muséum national d'Histoire naturelle de Paris a été créé dans une partie des catacombes située sous le Jardin des Plantes. Malheureuse-

quatorze kilomètres de Rouen. Le plan [1], soigneusement
établi, les quatre planches en photocollographie et les cinq
figures dans le texte me permettent d'abréger un peu ce
dernier. Le plan et les figures 1, 2 et 3 sont l'œuvre de
M. Fernand Gagniard. Quant aux planches II, III et IV,
qui représentent une partie de l'intérieur du laboratoire,
elles ont été fidèlement dessinées par mon excellent collègue et
ami, M. A.-L. Clément, d'après les photographiés que j'avais
prises au magnésium. C'est le même dessinateur d'histoire
naturelle, dont le grand talent est fort apprécié, qui a fait,

ment, lors de la terrible crue de la Seine, pendant l'hiver de 1909-
1910, ce laboratoire fut complètement envahi par l'eau, et les
expériences que l'on y effectuait entièrement anéanties.

Voir, au sujet de ce laboratoire :

Armand VIRÉ. — *Le Laboratoire des Catacombes*, dans le Bull.
du Muséum d'Hist. natur. de Paris, ann. 1897, p. 135 ; et, du même
auteur, *Un laboratoire souterrain*, dans la revue « La Nature »,
Paris, n° du 14 août 1897, p. 161 et fig. 1 et 2.

1. Je dois expliquer pourquoi, sur le plan qui accompagne le
texte de cette notice, la flèche indique le nord magnétique, et non
le nord géographique.

Tous les exemplaires de ce plan étaient tirés, mais pas encore
rognés et pliés, quand l'architecte-géomètre qui l'a dressé s'est
aperçu qu'il avait indiqué le nord magnétique au lieu du nord
géographique. Sur son plan, il avait tracé la flèche suivant la
direction de l'aiguille aimantée de sa boussole d'arpentage, qui ne
portait pas l'indication du nord géographique, et avait oublié de
faire la correction indispensable pour que la flèche indiquât le
nord géographique. J'ai fait ajouter, sur tous les exemplaires du
plan, les deux mots : Nord magnétique.

Si l'on veut avoir la direction du nord géographique, il suffit de
tracer sur le plan, à droite de la flèche qui s'y trouve, un angle
correspondant à la déclinaison magnétique occidentale pour
Rouen en 1910, soit un angle de 14° (une plus grande précision
est inutile dans ce cas). L'un des côtés de cet angle aigu indiquera
la direction du nord magnétique (c'est la flèche qui se trouve sur
le plan), et l'autre côté donnera la direction du nord géographique.

d'après mes photographies, les figures 4 et 5, montrant une caisse et une cage pour animaux.

Mon laboratoire est dans le terrain crétacé, dans la partie inférieure du sénonien moyen. Il se compose de : l'entrée (pl. I), l'escalier, le couloir, la chambre d'aération, la porte du bas, la salle d'entrée (pl. II), la galerie de Zoologie (pl. II et III), la salle de Botanique (pl. IV) et la chambre du fond (pl. IV).

Sa superficie, soigneusement obtenue au quadrillé sur le plan, par mon préparateur d'histoire naturelle et moi, est d'environ 671 mètres carrés, non compris l'escalier, le couloir et la chambre d'aération.

La salle d'entrée, limitée par la muraille, la porte du bas et une ligne idéale prolongeant la partie de la muraille où est la cage C (voir le plan), a une superficie de . . . . 102 m. c. environ.

La galerie de Zoologie, située entre la salle d'entrée et la salle de Botanique, et qui est limitée par cette ligne idéale, la muraille et une autre ligne idéale passant par le point C et perpendiculaire au grand mur (voir le plan), a une superficie de . . . . 338 m. c. environ.

La salle de Botanique, limitée par la ligne idéale passant par le point C, la muraille et une autre ligne idéale séparant cette salle de la chambre du fond, ligne partant du sommet de la convexité de la muraille près du bout de la plate-bande parallèle à la tablette Ta, et perpendiculaire sur la ligne C D (voir le plan), a une superficie de . . . . . 190 m. c. environ.

Enfin, la chambre du fond, limitée par cette dernière ligne idéale et la mu-

raille (voir le plan), a une superficie
de . . . . 41 m. c. environ.

Total : 671 m. c. environ.

La figure 1, qui est à l'échelle de 2 mill. pour 1 mètre,
donne la hauteur de l'escalier et du couloir, et celle des
autres parties du laboratoire, suivant les lignes A B, B C
et C D correspondant avec celles du plan. Le plafond de la
salle d'entrée est horizontal et offre l'apparence d'un plafond
à caissons, comme le montre la planche II. Ces caissons

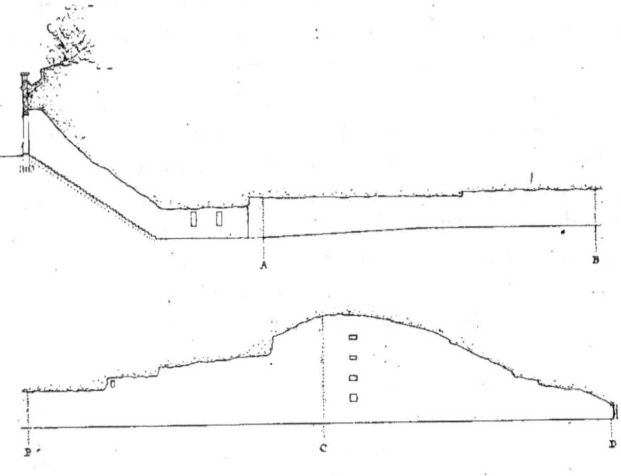

Fig. 1.

particuliers, d'un curieux aspect, ont été produits par
l'extraction des blocs de pierre de taille. La hauteur maximum de la salle de Botanique, suivant la ligne C D, dépasse
8 mètres; mais, en d'autres points de cette salle, la hauteur
est plus grande.

Le sol du laboratoire est à l'altitude de 50 m. 75. Cette
cote, qui se rapporte au nivellement général de la France,
a été déterminée au moyen d'un niveau par M. Fernand
Gagniard. Le sol de la salle d'entrée, de la galerie de Zoologie, de la salle de Botanique et de la chambre du fond est

horizontal, sauf la partie de la salle d'entrée qui avoisine la porte du bas, où il est en pente légère (voir la fig. 1). Une couche de petits galets a été mise sur le sol, formé, non de la roche vive, mais de la partie inutilisée et du résidu de la partie utilisée de l'exploitation de cette vaste carrière. Étant donné que cette exploitation fut très grande, il est presque certain que le sol artificiel du laboratoire a une épaisseur de plusieurs mètres.

A gauche de l'entrée du laboratoire on a construit un réservoir en ciment armé dont les dimensions intérieures et le cubage sont les suivants : longueur et largeur 1 m. 50, profondeur 0 m. 90, contenance 2025 litres, réservoir que l'on ne voit pas sur la planche I. Comme il n'y a malheureusement pas d'eau dans le voisinage immédiat, ce réservoir est rempli avec de l'eau charriée dans un tonneau. Cette eau provient d'une source de la vallée de l'Austreberthe, située près de la rive gauche de cette rivière, à une distance rectiligne de moins de 1500 mètres du laboratoire.

Au moyen d'une canalisation souterraine, l'eau du réservoir en question est amenée aux deux réservoirs en tôle placés dans la galerie de Zoologie. Chacun de ces deux derniers ayant un robinet d'entrée de l'eau et un robinet de sortie, on peut le remplir seul avec telle ou telle eau versée dans le réservoir en ciment armé. L'eau de la rivière Austreberthe ne doit pas être utilisée pour remplir ces réservoirs, car elle n'est pas suffisamment pure, à cause des établissements industriels situés sur ses bords.

L'entrée du laboratoire est exposée au sud-ouest. La porte d'entrée est garnie d'une tôle perforée qui laisse passer l'air, mais empêche les petits Vertébrés de pénétrer dans l'intérieur. Au-dessus de la porte est l'inscription : « Laboratoire de Spéléobiologie [1] expérimentale », gravée en creux dans

1. Le mot « spéléobiologie », qui vient des mots σπήλαιον, caverne, βίος, vie, et λόγος, traité, est certes complexe, mais il a le grand avantage d'être très explicite. Je préfère le mot « spéléobiologie »

quatre dalles réunies. Les lettres sont peintes en rouge vif.
Pour éviter tout accident, on a mis, au-dessus de l'entrée,
des pieux en fer et des fils de ronce artificielle faisant office
de garde-fou.

Après avoir franchi la porte d'entrée, on descend un escalier de quarante marches en ciment armé, pourvu, de chaque
côté, d'une rampe en fer, puis on arrive à un petit couloir
horizontal. A gauche est la chambre d'aération dont deux
fenêtres rectangulaires, garnies d'une persienne à lames
mobiles en fer avec un grillage intérieur, donnent sur ce
couloir au bout duquel est la porte du bas par laquelle on
arrive dans la salle d'entrée. Cette porte est garnie de per-
siennes à lames mobiles en fer et d'un grillage destiné à empêcher
les petits Vertébrés de pénétrer dans la salle d'entrée. Deux autres fenêtres rectangulaires de la chambre d'aération, pourvues
d'une tôle perforée, donnent sur la salle en question.

L'aération du laboratoire est excellente. Quand on y séjourne
pendant quelques heures, on n'a pas un instant la sensation que
l'air est confiné; bien au contraire, la respiration s'y fait très
librement. Cette aération est obtenue par la porte d'entrée, la
chambre d'aération, la porte du

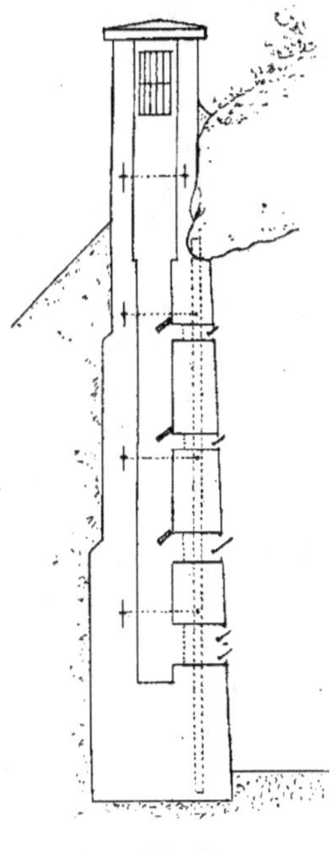

Fig. 2.

au mot, plus court, de « spéobiologie », parce que σπήλαιον signifie
caverne, tandis que le mot σπέος a été réservé, par les archéolo-
gues modernes, pour désigner des cavités artificielles, telles que
les hypogées.

bas, une fenêtre d'aération dans la galerie de Zoologie et une haute cheminée rectangulaire (fig. 2) construite dans le grand mur de soutènement de la galerie de Zoologie et de la salle de Botanique, qui bouche l'entrée principale de la carrière souterraine abandonnée. La figure 2 donne la coupe verticale de cette cheminée d'aération.

Pour garantir ce mur des actions atmosphériques, on l'a recouvert, à l'extérieur, d'une épaisse couche de pierres et de terre. Seule, la partie supérieure de la cheminée d'aération s'élève à une hauteur moyenne de 1 m. 90 au-dessus du sol et possède deux fenêtres rectangulaires, en face l'une de l'autre et garnies d'une tôle perforée. Pour éviter que de la lumière réfléchie ne pénètre par cette cheminée dans la salle de Botanique, la fenêtre exposée à l'ouest est pourvue d'un parasoleil, et, comme le montre la figure 2, il y a des tablettes inclinées en ciment en arrière des trois soupiraux supérieurs de la cheminée d'aération. Trois des quatre soupiraux de cette cheminée donnant sur la salle de Botanique ont un auvent à bascule; le premier (celui du bas, fig. 3) en a deux. Ces cinq auvents à bascule, qui ont, en arrière, une tôle perforée, sont plus ou moins inclinés au moyen de cinq chaînettes placées dans la salle de Botanique.

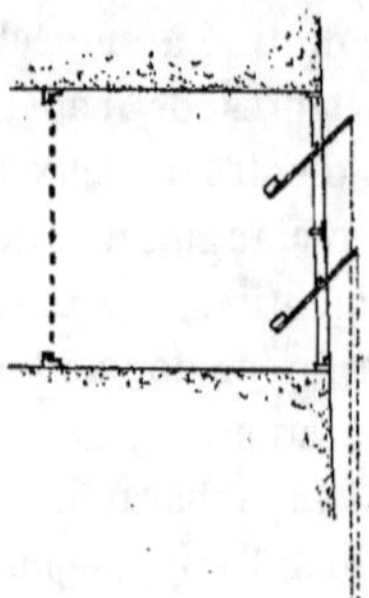

Fig. 3.

Grâce à la porte d'entrée, à la chambre d'aération, à la porte du bas, aux quatre soupiraux de la cheminée d'aération dans la salle de Botanique, à l'ouverture pourvue d'une tôle perforée, dans la galerie de Zoologie, d'une petite galerie courbe communiquant avec l'extérieur, galerie qui fut produite par l'eau dans la roche calcaire, à une époque très lointaine, et dans l'argile de laquelle se terraient des lapins, grâce, finalement, aux deux fenêtres d'aération, pourvues d'une tôle perforée, qui sont dans la partie rocheuse en forme de pilier, séparant la galerie de Zoologie de la salle de Botanique, la circulation de l'air dans le laboratoire est, je le répète, excellente. De plus, ce laboratoire étant situé en pleine campagne, l'air qui s'y trouve est évidemment très pur. Cette salubrité a une grande importance au point de vue des expériences de biologie souterraine, végétale et animale.

Pour rendre tout à fait solide le grand mur de soutènement limitant partiellement la galerie de Zoologie et partiellement la salle de Botanique, dans lequel se trouve la cheminée d'aération, et contre lequel est, à l'extérieur, une épaisse couche de pierres et de terre, l'architecte a fait construire, à une certaine hauteur, un arc-boutant partant de ce mur et s'appuyant contre la masse rocheuse en forme de pilier dont il vient d'être question.

Dans la salle d'entrée est un rideau de forte toile goudronnée, en deux morceaux glissant, au moyen d'anneaux, le long d'une tige en fer horizontale. Ce rideau, qui ne descend pas jusqu'au sol, pour ne pas entraver l'aération, a pour but d'arrêter la lumière réfléchie par les parois de la muraille, lorsque la lumière du jour est vive, et, surtout, lorsque les rayons solaires frappent directement sur la porte d'entrée. Dans le laboratoire, la couleur blanche de la roche parsemée de silex a été laissée, sauf une petite partie des parois de la salle d'entrée, près de la porte du bas, qui a été peinte en noir. Grâce au rideau, l'obscurité, presque complète à l'entrée de la galerie de Zoologie, étant complète après les deux réservoirs en tôle, et, à plus forte raison, dans le reste de la galerie de Zoologie, dans la salle de Botanique et dans la chambre du fond, il n'a pas été nécessaire de noircir toutes les parois et le plafond.

Le rideau de toile goudronnée divise la salle d'entrée en deux parties d'inégale grandeur. Dans celle où l'on arrive, quand on a franchi la porte du bas, se trouve une table destinée à l'empotage des plantes. Dans l'autre partie de la salle d'entrée il y a une table sur laquelle sont différents objets, et, dans un coin, la cage C, de cinq compartiments, dont les dimensions totales intérieures sont : longueur

2 m. 20, largeur 0 m. 55, hauteur 0 m. 54. La cage est en bois et en toile métallique, et le fond constitué par la roche. Cette cage est destinée à recevoir des Insectes.

La galerie de Zoologie, qui communique directement avec la salle d'entrée, fait, dans sa partie médiane, un coude prononcé, comme le montre le plan. Elle renferme quatre aquariums, deux réservoirs en tôle, seize bacs en ciment armé, un évier et une dalle également en ciment armé, et, placées sur deux longues tables, vingt-quatre caisses en bois.

Les aquariums (1-4 du plan) sont en glaces, avec le fond en ardoise. Les aquariums n⁰ˢ 1, 2 et 3 sont sur une même table, et le n° 4 sur une table à part. Voici les dimensions intérieures de ces aquariums et leur contenance :

Aquarium n° 1.

Longueur 0 m. 39, largeur 0 m. 23, hauteur 0 m. 30, contenance 27 litres.

Aquarium n° 2.

Longueur 0 m. 48, largeur 0 m. 34, hauteur 0 m. 35, contenance 57 litres.

Aquarium n° 3.

Longueur 0 m. 78, largeur 0 m. 48, hauteur 0 m. 46, contenance 172 litres.

Aquarium n° 4.

Longueur 0 m. 98, largeur 0 m. 58, hauteur 0 m. 55, contenance 313 litres.

Les deux réservoirs en tôle ont les dimensions intérieures et la contenance suivantes : le plus grand : longueur 2 m., largeur 1 m., hauteur 1 m. 30, contenance 2560 litres environ (en tenant compte des encoignures qui sont arrondies); l'autre réservoir : longueur 2 m., largeur 0 m. 60, hauteur 1 m., contenance 1180 litres environ (en tenant compte des encoignures qui sont arrondies). Quand ces deux réservoirs et celui qui se trouve auprès de l'entrée du laboratoire sont pleins, on peut disposer d'environ 5765 litres d'eau.

Voici les dimensions intérieures des seize bacs en ciment armé (5-20 du plan), qu'il convient de séparer en trois groupes, au point de vue de leur contenance :

Bacs n⁰ˢ 5 — 8.

Longueur 1 m. 50, largeur 1 m., profondeur 0 m. 80, contenance 1200 litres.

Bacs n⁰ˢ 9 — 12.

Longueur 1 m. 50, largeur 1 m., profondeur maximum 0 m. 80, avec une plate-forme et un plan incliné, contenance 600 litres.

Bacs n⁰ˢ 13 — 20.

Longueur 1 m., largeur 0 m. 60, profondeur 0 m. 60, contenance 360 litres.

Des couvercles en deux parties d'égale grandeur, formés de cadres en bois avec un filet tendu, ont été faits pour mettre sur quelques bacs, afin d'empêcher les animaux de s'échapper.

Il y a deux canalisations d'eau : l'une pour l'entrée, l'autre pour la sortie. Les aquariums n⁰ˢ 1, 2 et 3 sont remplis à la main, tandis que l'aquarium n⁰ 4 et les seize bacs en ciment armé sont munis chacun d'un robinet amenant, à volonté, l'eau d'un ou des deux réservoirs en tôle. Il y a aussi des prises d'eau, dont une est dans la salle de Botanique, et la dalle, où se trouvent des cuvettes en verre de différentes dimensions, possède une rampe munie de plusieurs robinets.

L'eau des quatre aquariums est vidée, par leur robinet,

au moyen d'un seau ; celle des bacs en ciment armé au moyen d'une pompe à main ou d'un siphon. Comme l'eau n'a pas besoin d'être souvent renouvelée et ne se corrompt que faiblement, sa température étant constamment basse, j'ai pensé qu'il était préférable de vider ainsi les bacs, au lieu de mettre à chacun d'eux une bonde de fond. En effet, pour empêcher les tout petits animaux de sortir du bac, il eût fallu que les trous de la toile métallique entourant le trou de sortie de l'eau fussent très petits, et cette toile se fût obstruée facilement. Avec l'emploi de la pompe à main ou du siphon, on n'a pas à redouter cet inconvénient, car on peut mettre au bout du tuyau d'aspiration une crépine ayant de tout petits trous, et il n'est pas nécessaire que cette crépine touche le fond du bac, où repose la couche de résidus.

Le long de la paroi de la galerie de Zoologie à côté de laquelle sont les aquariums et les bacs existent de petits regards aboutissant à la canalisation de sortie de l'eau, regards où l'on met l'eau dont on veut se débarrasser. Cette canalisation aboutit à un citerneau et à une bétoire qui est une portion de galerie de la carrière abandonnée.

Pour circuler dans le laboratoire, on se sert de lanternes à bougie pourvues de verres jaune et vert qui laissent passer suffisamment de lumière, en arrêtant la plupart des rayons chimiques. Comme cette lumière est évidemment faible, une grosse corde, soutenue par des supports en fer dont la partie basilaire tient dans une douille enfoncée dans le sol, a été mise devant l'aquarium n° 4, les seize bacs, l'évier et la dalle, comme garde-fou, pour éviter les accidents. Cette corde est par bouts que l'on enlève facilement quand il en est besoin.

Les deux longues tables en bois de la galerie de Zoologie supportent vingt-quatre caisses ayant leur couvercle incliné. Ces caisses, destinées à des Batraciens, à des Mollusques, etc., sont en sapin rouge, avec un montant en chêne aux quatre encoignures intérieures. Au point de vue de leur volume, il convient de les diviser en trois groupes.

Voici les dimensions intérieures de ces vingt-quatre caisses :

Six (les moins grandes) : longueur 0 m. 80, largeur 0 m. 50, hauteurs : 0 m. 33 (en avant) et 0 m. 50 (en arrière), avec un couvercle dans lequel existe, pour l'aération, une ouverture de 0 m. 30 sur 0 m. 20, pourvue d'une toile métallique.

Six autres (celles de taille moyenne) : longueur 1 m., largeur 0 m. 60, hauteurs : 0 m. 33 (en avant) et 0 m. 50 (en arrière), avec un couvercle en deux parties dans chacune desquelles existe, pour l'aération, une ouverture de 0 m. 20 sur 0 m. 15, pourvue d'une toile métallique.

Douze autres (les plus grandes) : longueur 1 m. 20, largeur 0 m. 70, hauteurs : 0 m. 33 (en avant) et 0 m. 50 (en arrière), avec un couvercle en deux parties dans chacune

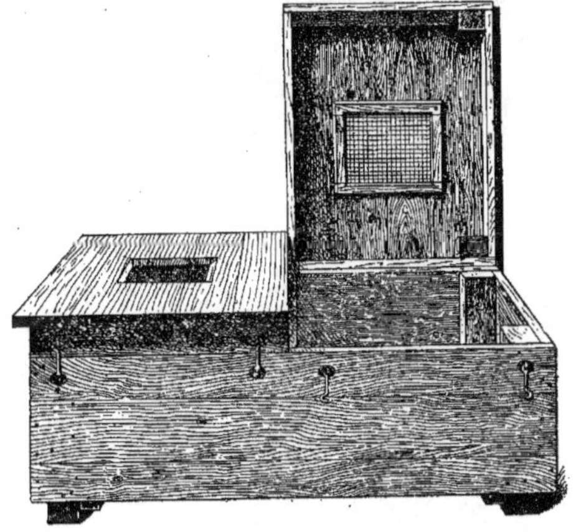

Fig. 4.

desquelles existe, pour l'aération, une ouverture de 0 m. 25 sur 0 m. 20, pourvue d'une toile métallique.

La figure 4 représente une de ces douze caisses.

Dans les caisses contenant les Batraciens, qui ne peuvent monter jusqu'au couvercle, on a retiré la toile métallique des ouvertures, afin que l'aération fût plus grande.

Douze cages en bois et en toile métallique, ayant le dessus incliné, font partie, avec la cage à cinq compartiments de la salle d'entrée, du mobilier du laboratoire. Ces douze cages, destinées à recevoir des Insectes et d'autres animaux, ont les dimensions intérieures suivantes : longueur 0 m. 42, largeur 0 m. 35, hauteurs : 0 m. 51 (en avant) et 0 m. 59 (en arrière).

Six de ces cages ont, en leur milieu, une séparation horizontale en bois.

La figure 5 montre une de ces dernières.

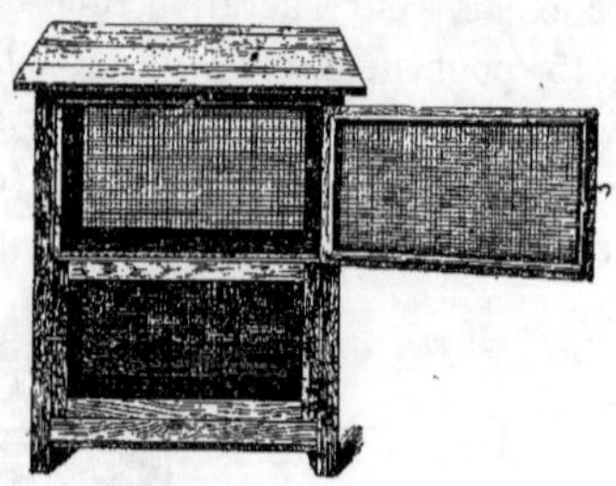

Fig. 5.

Les caisses, les cages et les tables qui les supportent ont reçu trois couches de carbolineum ayant pour but de retarder leur pourriture, l'air du laboratoire étant très humide.

La galerie de Zoologie contient une troisième table en bois sur laquelle se trouvent plusieurs des cages dont il vient d'être question, et d'autres objets.

Enfin, dans cette galerie, on voit, au grand mur de soutènement, une pierre où l'on a gravé en creux ce qui suit :

H. G. DE K.

1910

F. GAGNIARD   F. SAUVAGE

ARC[TE]   ENT[R]

La salle de Botanique possède quatre plates-bandes contenant de la terre végétale sur une épaisseur de plus de

0 m. 70, une réserve de terre, une tablette en bois de 11 m. 60 de long et de 0 m. 65 de large, une étagère en fer de 2 mètres de hauteur, et une petite table.

Dans la chambre du fond se trouvent, sur une table en bois, des cages en bois et en toile métallique dont la description est donnée ci-avant, et qui sont destinées à recevoir des Insectes.

La température de ce laboratoire varie peu, malgré l'excellente aération. Entre le 3 décembre 1910 et le 18 juillet 1911 inclusivement, la température de la salle d'entrée a varié de 4°,5 à 8°,5, et celle de la salle de Botanique de 7° à 9°,5. Quant à la température de l'eau des bacs et des aquariums, prise quatre fois pendant la période en question, elle était de 7° à 8°,5.

Je ne cherche nullement à empêcher l'élévation de la température dans ce laboratoire; mais, lorsque la température extérieure est trop froide, je fais mettre par précaution, en dedans de la porte d'entrée, un paillasson qui n'empêche pas l'aération d'être encore bien suffisante. Il faudrait que le froid fût très grand et prolongé pour que l'on fermât les soupiraux de la cheminée d'aération donnant sur la salle de Botanique. Des chaleurs excessives ou des froids intenses, d'une longue durée, pourront déterminer, dans l'avenir, des écarts de température moins faibles que ceux indiqués ci-avant, mais qui ne seront toujours que d'un petit nombre de degrés. Quelles que soient la durée et l'intensité du froid, il sera toujours facile, sans faire de feu, d'empêcher la gelée dans le laboratoire.

Par suite de l'infiltration de l'eau à travers la roche calcaire, il règne constamment une grande humidité dans ce laboratoire. Entre le 20 février et le 18 juillet 1911 inclusivement, l'hygromètre graphique de Lowe (psychromètre) a indiqué, dans la salle de Botanique, de 93° à 95° d'humidité relative, c'est-à-dire un air presque entièrement saturé de vapeur d'eau.

Ces températures et cette humidité sont très avantageuses

pour un tel laboratoire, car les animaux et les végétaux en expérience sont dans des conditions de milieu semblables à celles des véritables grottes. L'expression de « spéléobiologie expérimentale » est ainsi justifiée.

L'humidité de ce laboratoire a aussi le grand avantage d'entraver beaucoup l'évaporation de l'eau ; par suite, on n'a pas besoin d'arroser souvent l'intérieur des caisses où vivent les animaux auxquels l'humidité est indispensable, ni les végétaux plantés dans les pots et les plates-bandes. Toutefois, l'humidité, étant un peu trop grande dans la salle de Botanique, a occasionné la pourriture de différentes plantes. C'est pourquoi, dans le but de la diminuer, j'ai fait cimenter une partie du sol qui se trouve au-dessus de la salle en question, partie où la couche rocheuse est moins épaisse qu'ailleurs et, par son exposition, reçoit beaucoup d'eau de pluie.

Cette notice étant exclusivement consacrée à l'historique et à l'aménagement de ce laboratoire, je n'ai pas à parler ici des expériences de spéléobiologie animale et végétale que j'y ai commencées, ni de toutes celles que je me propose d'y effectuer jusqu'à ma mort. J'en ferai connaître successivement les résultats quand le moment en sera venu. Je me plais à penser que l'ensemble de ces expériences ne sera pas dépourvu d'intérêt, et que plusieurs d'entre elles auront une certaine importance au point de vue scientifique.

J'ai été très heureux que mon laboratoire de spéléobiologie expérimentale fût inauguré par la Société des Amis des Sciences naturelles de Rouen, à laquelle j'appartiens depuis plus de trente ans, où je possède des amitiés et des sympathies qui me sont très précieuses, et dans les bulletins de laquelle j'ai publié la plus grande partie de mes modestes travaux scientifiques. Cette inauguration eut lieu le dimanche 10 juillet 1910, par un temps très favorable. Beaucoup des personnes que j'avais eu l'honneur d'inviter étaient présentes. Le Bureau de la Société (MM. Raoul Fortin, président, Maurice Nibelle et Henri Gadeau de Kerville, vice-présidents, Jacques

Capon, secrétaire de Bureau, Alfred Poussier, secrétaire de
Correspondance, Jules Lemasle, trésorier, Jules Carpentier,
archiviste, et Gustave Caille, conservateur des Collections)
était au complet. MM. Ernest Duclos, maire de Saint-Paër,
et P. Préaux, maire de Villers-Écalles, s'y trouvaient. L'assis-
tance se composait d'une soixantaine de personnes dont la
plupart étaient membres de la Société des Amis des Sciences
naturelles de Rouen. Cette inauguration fait date dans mon
existence, et son souvenir, infiniment agréable, restera toujours dans mon cerveau et dans mon cœur.

Comme il pourra peut-être rendre des services après ma
mort, j'ai, par testament, légué ce laboratoire (immeuble et
mobilier) au département de la Seine-Inférieure, avec un
terrain y attenant, d'une superficie d'environ cinq hectares
et demi, et une somme de cinquante mille francs. Le
département pourra faire ce qu'il voudra du laboratoire et
du terrain, c'est-à-dire les garder, les louer ou les vendre,
en entier ou en partie. Quant aux intérêts des cinquante
mille francs, ils pourront servir à des expériences biolo-
giques dans le laboratoire ou ailleurs, ou à tout autre usage,
à la condition qu'il soit d'ordre scientifique.

Si la création de ce laboratoire, qui, je le crois, est unique
au monde par sa superficie, mérite quelques félicitations,
je tiens à n'en garder pour moi qu'une faible part, et à
offrir l'autre à la mémoire de mon père, de ma mère et de
ma marraine, Mme veuve Victor Fumière, qui, en me laissant
leur fortune, m'ont permis de me consacrer entièrement
à la science. Le peu que je suis et le peu que j'ai fait, c'est
à eux que je le dois. Non-seulement mes parents adorés
n'entravèrent jamais mon goût profond pour l'histoire
naturelle, mais ils m'en facilitèrent l'étude autant qu'ils le
purent. C'est pourquoi je bénirai leur mémoire jusqu'à mon
dernier jour.

BIBLIOTHÈQUE NATIONALE — B F — IMPRIMÉS

4

ROUEN. — IMPRIMERIE LECERF FILS.

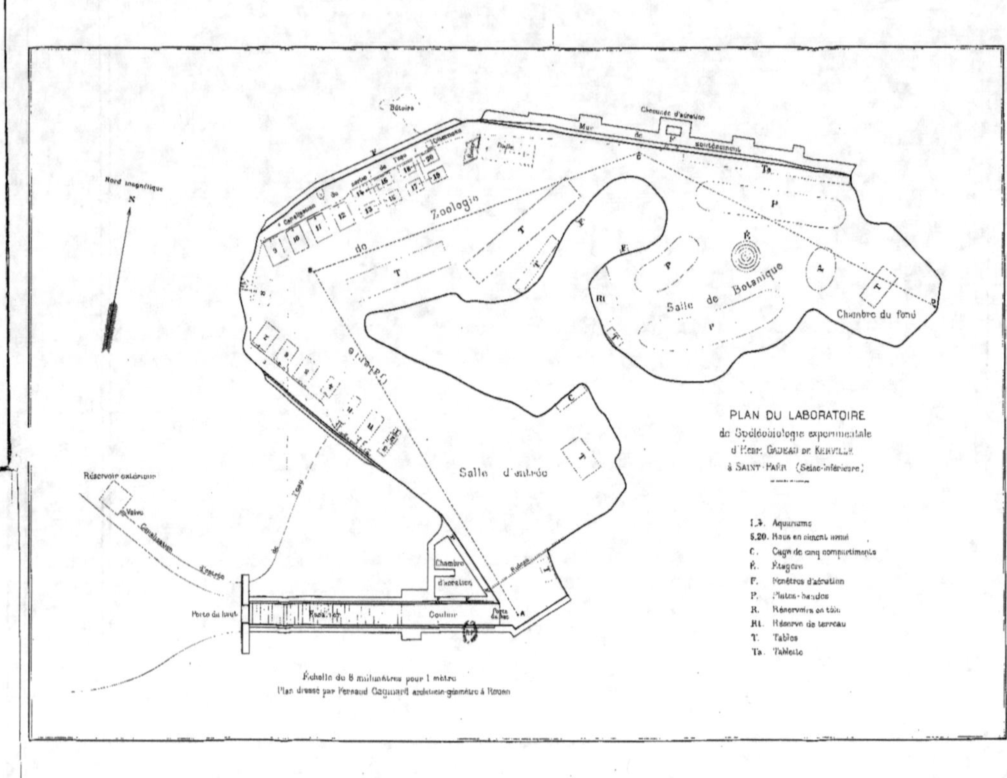

Nord magnétique
N
Bâtoire
Cheminée d'aération
Mur   de   souterrain
Cheminée
Salle   de   Vans
Salle
Zoologie
de
Salle de Botanique
Chambre du fond
Salle d'entrée
Réservoir extérieur
Valve
Canalisation   d'énergie
Chambre d'aération
Porte du haut
Escalier
Couloir
Porte du bas

PLAN DU LABORATOIRE
de Spéléobiologie expérimentale
d'Henri GADEAU DE KERVILLE
à SAINT-PAIR (Seine-Inférieure)

1.4. Aquariums
5.20. Bacs en ciment armé
C. Cage de cinq compartiments
É. Étagère
F. Fenêtres d'aération
P. Platon-bandes
R. Réservoirs en tôle
Rt. Réserve de terreau
T. Tables
Ta. Tablette

Échelle de 8 millimètres pour 1 mètre
Plan dressé par Fernand Cagnard architecte-géomètre à Rouen

LABORATOIRE DE SPÉLÉOBIOLOGIE EXPÉRIMENTALE.

Entrée extérieure du laboratoire.

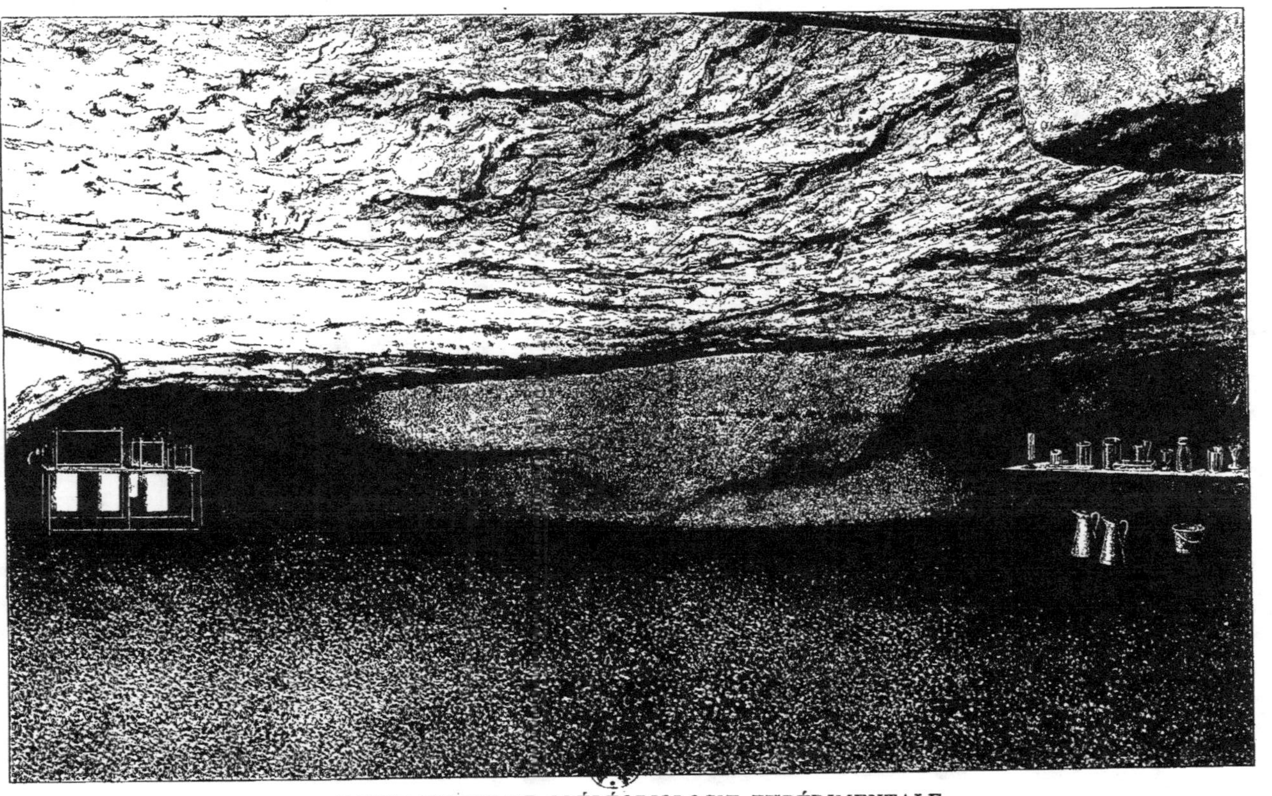

LABORATOIRE DE SPÉLÉOBIOLOGIE EXPÉRIMENTALE.

Une partie de la salle d'entrée et de la galerie de Zoologie.

LABORATOIRE DE SPÉLÉOBIOLOGIE EXPÉRIMENTALE.

Une partie de la galerie de Zoologie.

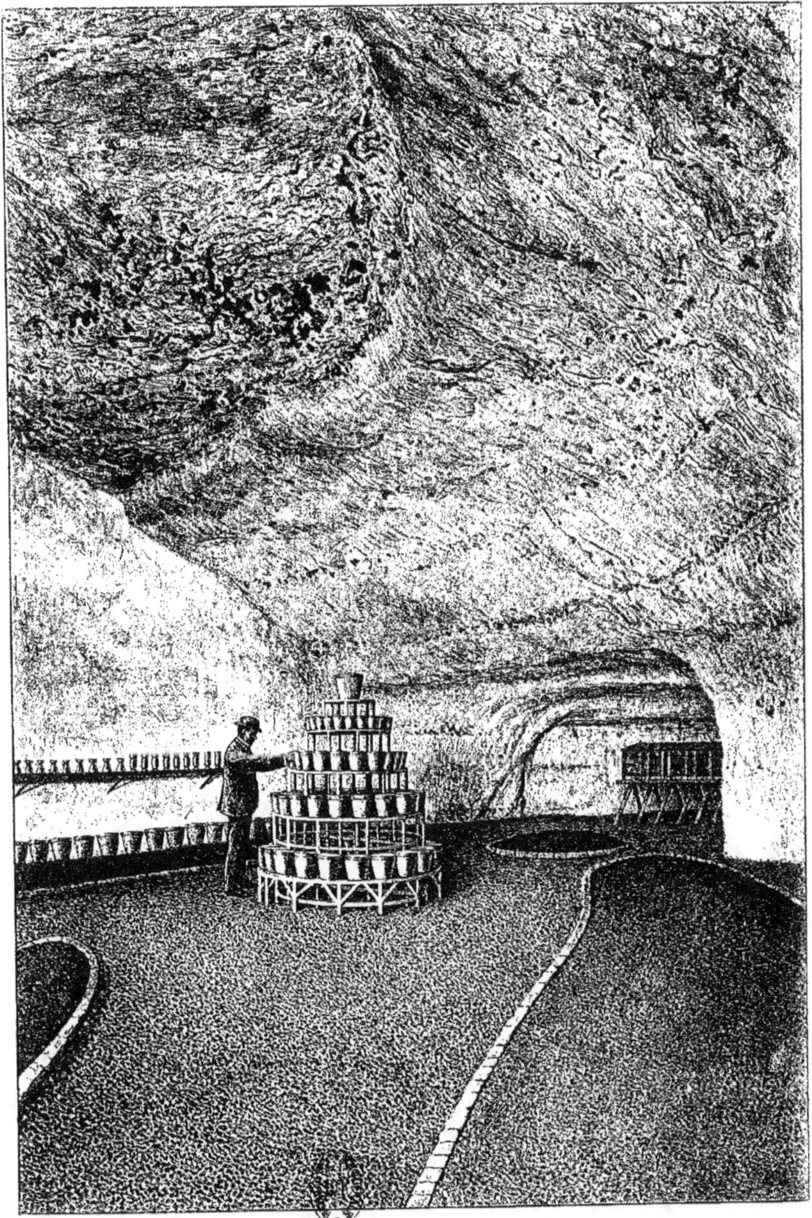

LABORATOIRE DE SPÉLÉOBIOLOGIE EXPÉRIMENTALE.

Une partie de la salle de Botanique et de la chambre du fond.

www.ingramcontent.com/pod-product-compliance
Lightning Source LLC
LaVergne TN
LVHW010441060726
842527LV00005B/1634